第一次
幫寶貝剪頭髮

喀嚓喀嚓，在家就能輕鬆幫寶貝剪頭髮
甜美、浪漫、可愛、自然風，最 in 兒童髮型

日本人氣髮妝師
砂原由彌著

朱雀文化

不知道大家第一次幫自己的孩子剪頭髮，是什麼樣的心情呢？

「小朋友到美容院哭了的話，會造成大家的困擾吧……只好自己剪了。」

「我根本沒有自己幫孩子剪過頭髮啊！」

「要是剪壞了怎麼辦……」

可能有許多人會像這樣不安，只能眼睜睜看著小朋友的頭髮愈長愈長，卻遲遲無法開剪吧？

這是一本由「愛」出發，加上一點點小技巧的剪髮書。簡單的造型只要三個步驟就能輕鬆完成哦！

剪一個在戶外隨風飛揚、像在與風對話的髮型也不賴。

把髮尾像被陽光穿透一樣輕輕地剪剪看，哇～真是太可愛了！變成搖曳鮑伯頭。帶著出門前要好好打扮的心情，稍微剪一下瀏海吧！

在家幫小朋友剪髮後，能看到孩子可愛又充滿笑容的臉，你就能精神奕奕地宣佈家庭美容院開張囉～

希望這本書能讓你更享受在家幫小朋友剪髮的樂趣。

先從剪瀏海開始試試看吧？

砂原由彌

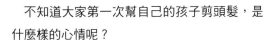
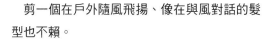
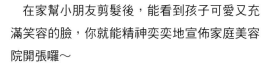

目　錄

必備用具

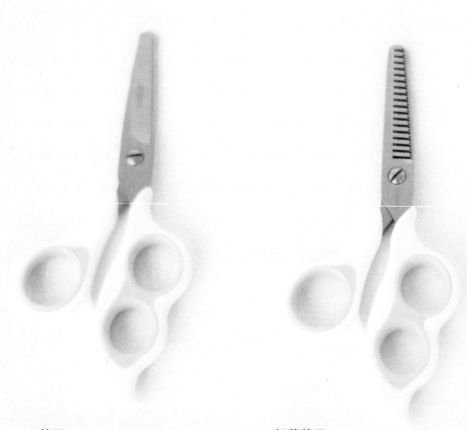

剪刀
準備一把好剪的剪髮用剪刀，這樣就不怕手痠，也不用怕小朋友會痛。

打薄剪刀
想讓頭髮變輕盈、看起來更自然時使用。

平板梳
將打結的頭髮梳開，自然地順著髮流梳整好，這樣比較容易想像完成後的模樣。

照片中使用的是 3 孔握把的剪刀，但只要是基本的剪髮用剪刀都可以。

髮夾

髮量多的情況可以用髮夾分區固定，
這樣比較好剪。

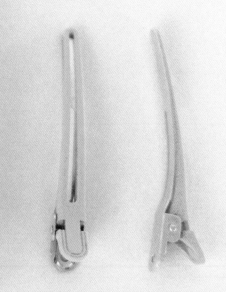

剪髮圍巾

脖子周圍記得圍一條毛巾，比較好
清理掉下來的頭髮喔！

動手剪之前先看這裡！

完成線和裁剪線

在動手剪之前，先想像一下，到底想剪什麼樣的髮型？這是開剪前的必備功課喔！為了讓大家可以更清楚的跟著動手剪，本書將「完成線」和「裁剪線」如以下插圖表示。

完成線（粗線）……

這本書幾乎在一開始的步驟都畫了最後完成圖。一邊想像著這個完成線的存在一邊剪。這樣應該就能減少「啊～剪過頭了！」、「跟想像的不同……」等情況發生。

裁剪線（細線）……

為了想剪出跟完成線所畫的相同髮型，先將實際要剪的裁剪線畫出來。有明確的形象之後，再沿著裁剪線剪，一定能剪得又快又好！

輕鬆上手的基本剪法

這本書介紹的髮型，只有三種剪法，乍看之下好像很難，其實只是三種剪法的組合而已。所以，好好學會基本功吧。

本書採用的是不把頭髮弄濕的「乾式剪髮」，可以邊看狀況邊做調整，就算是新手來剪，也不容易失敗。

斜剪法

像上圖一樣斜斜地剪。這種剪法剪起來很自然。

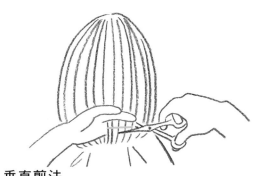

垂直剪法

與頭髮垂直的方式剪，想剪齊時使用。

用打薄剪刀

想看起自然又輕盈時使用，因為小朋友的髮量少，看狀況再做調整。

熟悉這些部位的名稱

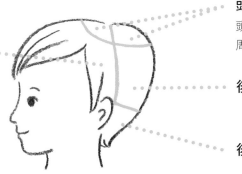

側面
頭頂下來旁邊的部分。
分成右側和左側。

頭頂
頭部最高部分，包含頭頂的周圍。

後腦

後頸

剪髮真有趣！ 邊聊邊畫找靈感

「這樣的髮型好嗎？」「那樣也很可愛耶！」邊交換意見，
把想剪的髮型畫下來看看。
一起開心地畫畫、一起聊聊天、說說話
一定能夠找到「就是這個！」的理想髮型。

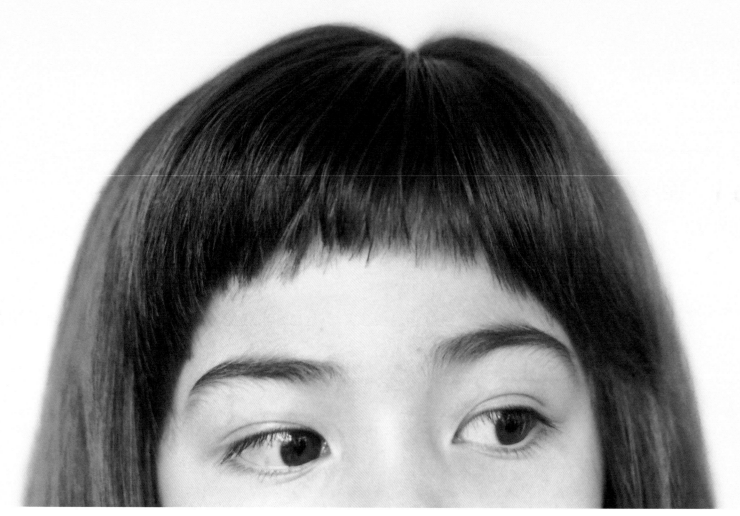

step1 從剪瀏海開始

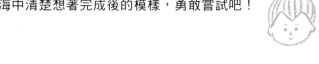

你也有過「只想稍微剪一點點瀏海就好……」的時候吧？
在這裡舉了五種瀏海的剪法，先從這裡開始試試看。在腦海中清楚想著完成後的模樣，勇敢嘗試吧！

甜美圓弧形瀏海

甜美圓弧形瀏海

1 想像一下完成的模樣和裁剪線。
明確地想像完成後的模樣，就可以
剪得很好！

2 邊梳邊用手指夾住。
順著髮流梳開。

3 沿著引導線斜斜地剪。
視個人喜好，用打薄剪刀來剪也
很可愛哦～

可愛大鋸齒瀏海

→剪法見 p.20

活力小鋸齒瀏海

→剪法見 p.21

可愛大鋸齒瀏海

1 想像一下完成的模樣和裁剪線。

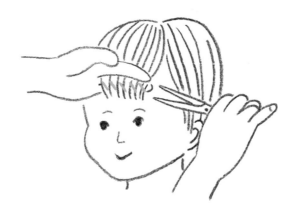

2 邊梳邊用手指夾住，沿著裁剪線斜斜地剪。

3 髮尾用打薄剪刀斜斜地剪。一個地方約剪 3 ～ 5 次。
因為小朋友的髮量少，使用打薄剪刀的次數要先看看狀況再決定。

活力小鋸齒瀏海

1 想像一下完成的模樣和裁剪線。

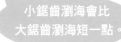

小鋸齒瀏海會比
大鋸齒瀏海短一點。

2 邊梳邊用手指夾住，沿著引導線斜斜地剪。

3 髮尾用打薄剪刀斜斜地剪。一個地方約剪 3～5 次。

因為小朋友的髮量少，使用打薄剪刀的次數要先看看狀況再決定。

率性 V 字型瀏海

率性 V 字型瀏海

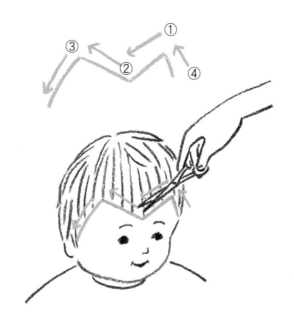

1 想像一下完成的模樣和裁剪線。

2 依照上面的順序剪成 V 字型。剪刀要與髮流呈垂直後再剪。

3 用打薄剪刀斜斜地剪。
使用打薄剪刀的次數，要先看看狀況再決定。

俏麗超短瀏海

俏麗超短瀏海

1 兩側的頭髮用髮夾固定。

2 想像一下完成的模樣和裁剪線。

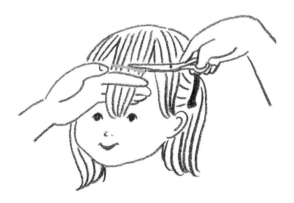

3 先從中間開始剪。

4 再沿著裁剪線接著剪。

可依個人喜好使用打薄剪刀，剪出來的髮型會更有個性喔！

自然卷的剪法

自然卷的剪法（剪掉打結的髮尾）

容易打結的自然卷髮的保養，跟剪瀏海一樣簡單。

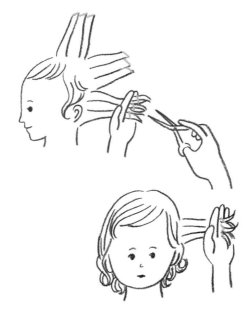

1 從頭頂垂直拉出一束頭髮，剪 1～3 公分。

因為自然卷容易打結，邊梳開邊拉出頭髮會剪得比較漂亮。

2 側邊和後面也一樣，垂直拉出頭髮，剪 1～3 公分。

瀏海部分可依個人喜好，參考 p.15～p.25 各種瀏海的剪法。

打結的頭髮不要硬拉，抓著一小撮髮尾剪也 OK。

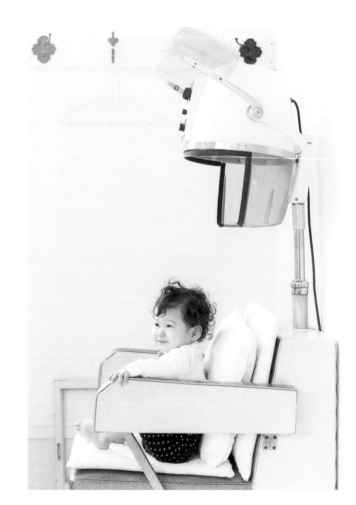

溫暖甜蜜的魔髮時刻

我想大家應該都有在家剪髮的回憶吧。

我家以前開美容院，所以對小時候的我來說，媽媽幫我剪頭髮，是日常生活中再自然不過的一件事。那輕輕執起頭髮的手、專注認真的眼神……想著想著，竟然開始有些不好意思了。

想起小時候，如果我故意做鬼臉、身體動來動去，就會因為危險而被媽媽罵。但即使是被罵的回憶，也讓人回味再三。

在家幫小朋友剪髮是非常重要的親子溝通時間。剛開始被碰觸到頭髮或額頭時覺得有點害羞，卻又覺得很安心吧？我想，這一次又一次的剪髮時間，將來會被當成一段段溫暖的記憶，永遠留存在孩子心中。

在家剪髮的好處就是，如果孩子動來動去，不甘願被剪的時候，可以乾脆就讓他玩耍，不用勉強硬剪。也可以邊畫畫邊問他：「要不要剪這個髮型看看呀？」邊剪頭髮可以邊跟寶貝說很多話。剪完以後，看著剪好的模樣，對著鏡子彼此對望之後相視而笑……。這是在家幫小朋友剪髮最讓人感到溫馨甜蜜的一刻。

就算剛開始剪得不好也沒關係。比起剪得好或不好，更重要的是，透過指尖傳達出來的感情。

我認為在家剪髮的回憶，是唯有在孩子小時候才能給的，讓人心裡充滿溫暖的最佳禮物。

step2　挑 戰 家 庭 美 容 院

順利剪好了瀏海之後，來挑戰完整的造型剪髮吧！最重要的，是在剪之前先確實想好要剪的髮型。
把剪好頭髮時，「親子彼此對看，然後相視而笑」當作目標，家庭美容院開張囉！

經典鮑伯頭

經典鮑伯頭

鮑伯頭（Bob）是由時尚美髮大師沙宣（Vidal Sassosn）所創，
融合俐落線條與柔和弧度，兼具復古與流行的不敗髮型。

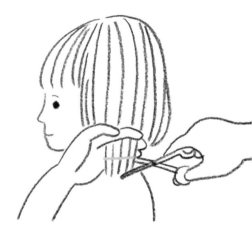

1 想像一下完成的模樣和裁剪線。

2 先從後腦開始。邊梳邊用手指夾住
頭髮，沿著裁剪線垂直剪下去。

3 在耳朵附近的頭髮不要硬拉，輕輕
梳開，將剪刀和頭髮垂直後剪下去。
耳朵突出來的部分，會讓頭髮膨起來
而看起來比較短。讓頭髮自然垂下，
輕柔地用指尖夾住後再剪，比較不容
易失敗。

4 側面也一樣以垂直角度剪下去。
兩側同樣重複步驟 3 和 4 的動作。

5 把頭向前傾之後再梳，會看到之前
沒剪齊的部分，對齊之後再剪。

瀏海部分可依個人喜好，參考
Step1 各種瀏海的剪法。

依個人喜好使用打薄剪刀，
變化一下就會很可愛囉！

層次鮑伯頭

層次鮑伯頭

1 想像一下完成的模樣和裁剪線。

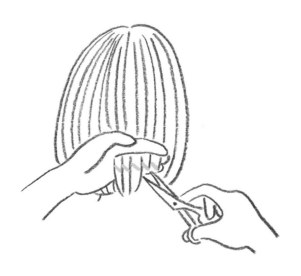

2 從後面開始,以手指輕輕夾起一撮頭髮,依決定的長度斜斜地剪。

3 轉到小朋友的正面,以前短後長(靠近耳朵較短)的方式斜斜地剪。另一邊也是一樣。

髮量多的小朋友不需要扭轉髮束，
只要多用打薄剪刀就可以了。
第 5 個步驟中，剪刀入刀的位置
會讓頭髮產生動感變化。
也可以依個人喜好，用打薄剪刀整個打薄。
瀏海部份可依個人喜好，
參考 p.15 ～ p.25 各種瀏海的剪法。

4 如圖，多拉一些頭頂的髮束，從髮尾 3 ～ 5 公分的地方斜斜地剪。

5 把髮束輕輕扭轉後，再用打薄剪刀從中間剪到髮尾，次數依個人喜好。
不要扭轉太多，會造成剪刀的負擔。

名模崔姬（Twiggy）風

名模崔姬（Twiggy）風

崔姬（Twiggy）被譽為「世界上第一位超級名模」，
以瘦削、俐落短髮的形象襲捲時尚界，影響著我們現在以瘦為美的審美觀。

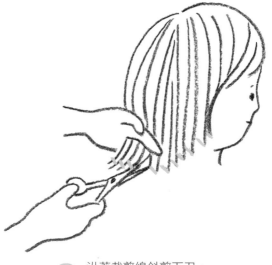

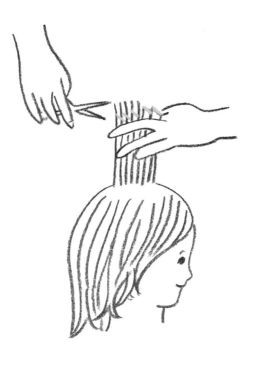

1 想像一下完成的模樣和裁剪線。

2 沿著裁剪線斜剪下刀。

3 從頭頂往上拉出一束頭髮，再斜斜地把長度剪齊。

不從髮根下刀是因為小朋友髮量少或是有自然卷的關係。
如果小朋友的髮量比較多，就可以從髮根下刀了。記得不要用扭轉的方式剪，
只要用打薄剪刀剪就行了。另外，剪刀下刀的位置離髮根愈遠，力道要漸漸變輕。
多試幾次，就會習慣在家幫小朋友剪頭髮了喔！

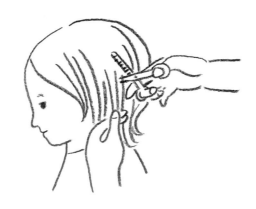

4 建議從頭頂、後腦到髮尾的順序（打層次）。斜後方和兩側也一樣。

5 打薄剪刀從中間剪到髮尾，只要剪想打薄的地方就好。
打薄的次數不同，剪出來的造型也會不太一樣喔！

瀏海部份依個人喜好參照 p.15 ～ p.25 各種瀏海的剪法。

小潮男風

小潮男風

1 想像一下完成的模樣和裁剪線。
明確地想像完成後的模樣，就可以剪
得很好！

2 如圖，先將頭髮抓好。用梳子梳開，
用指頭夾緊後，毫不猶豫地剪下去吧。

3 先不管瀏海，頭頂到後腦的部分，
垂直梳拉出頭髮，用手指夾緊再斜
斜地剪。

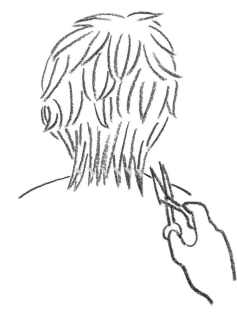

4 如圖，與頭皮平行拉出頭髮，斜斜地剪。
左右都一樣。

5 太重的部分輕輕扭轉，從中間到髮尾再使用打薄剪刀。
不要扭轉得太多，會造成剪刀的負擔。

髮量多的小朋友
不需要扭轉髮束，
只要削薄就會很可愛了。

6 髮尾的部分斜斜地剪。邊看整體的感覺邊進行，直到剪成鋸齒狀為止。
也可以依個人喜好使用打薄剪刀，剪起來也很可愛喔！

瀏海部份可依個人喜好，
參考 p.15 ～ p.25
各種瀏海的剪法。

幫寶寶洗頭

不喜歡洗頭的小朋友很多。
這時候爸爸媽媽的笑容就非常重要,因為爸爸媽媽的笑臉會讓小朋友覺得很安心。
小朋友(尤其是嬰兒)的體溫變化比較大,所以洗頭的速度很重要哦!

要準備的東西
紗布(或淋浴用蓮蓬頭)
裝好溫水的臉盆
溫和的嬰兒用洗髮精
毛巾
換洗的衣服

爸爸媽媽要準備的
弄濕也沒關係的衣服
讓寶寶和自己都開心洗頭
的好心情

為寶寶準備的
濕了也沒關係的貼身衣服

1 用堅定的眼神看著寶寶說:
「我要開始幫你洗頭囉!」

2 用熱水沾濕紗布(不要擠乾)
或者把蓮蓬頭的強度轉小,
輕輕地把頭髮沾濕。
要小心不要讓水跑到寶寶耳朵
裡哦!

3 先在手掌倒入適量洗髮精,
輕揉起泡。

寶寶的頭部佔全身的比例比大人要大得多,所以洗完頭後應該更會感到清爽舒服。看著小寶寶的眼睛笑著說:「很舒服吧?」這也是讓寶寶能愛上洗頭的重點之一喔!對寶寶微笑著說:「好棒!完成囉~」每天的洗髮時刻也能變成很棒的親子溝通時間哦!

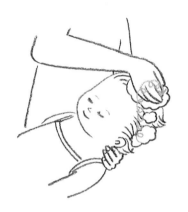

4 以畫圓的方式,用指腹輕柔地為寶寶洗頭。直到整個頭都起泡泡為止。

5 用沾濕的紗布(或淋浴用蓮蓬頭)分幾次沖洗。把洗髮精徹底沖乾淨。
要小心不要讓水跑到小寶寶耳朵裡哦!

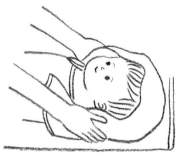

6 輕柔地用毛布擦乾。為了不讓寶寶受涼,或讓細菌有機可趁,一定要確實把水分擦乾。

7 看著寶寶的眼睛,笑著說:「很舒服吧?」、「好棒喔!完成囉~」

幫寶貝女兒弄頭髮

短髮變髮造型

簡單成型、出色可愛、讓爸媽孩子都開心的整髮術，
依長度不同，分成四種造型來介紹。

flicked out curl style

活潑俏麗風

髮尾用整髮棒逆著捲
也可以用髮捲代替。

kid's regent style
甜美龐克風

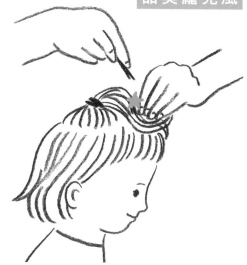

頭頂用整髮棒弄捲，用橡皮筋綁起
一小撮頭髮，向著額頭方向倒，再
用髮夾固定。
側面用髮夾固定住，不僅造型很牢固，
而且看起來很酷。

幫寶貝女兒弄頭髮

girls hair ar

長髮編髮造型

只要有髮夾，就能輕鬆完成長髮的編髮造型。
不論古典風或少女風，看起來都很可愛唷！

classical style

古典華麗風

將瀏海捲成個圓，用髮夾固定。
剩下的頭髮分成兩部份，從髮尾
向髮根慢慢捲。
捲到髮根再用髮夾固定。

machiko style
浪漫少女風

多分一些瀏海往側面梳，再用髮夾固定，別上裝飾用的蝴蝶結。

整個捲成波浪也很可愛。

這種髮型因為日劇「請問芳名」的女主角
而受到各年齡女性的歡迎，尤其冬天時以絲巾將長卷髮包覆住，
更是許多人爭相模仿的造型。

與設計師 Suzuki takayuki 一起動手做
自然風剪髮圍巾

家裡多餘的布或舊 T 恤，
變身成漂亮的剪髮圍巾！
稍微動動腦筋，
就會發現家庭美容院的更多樂趣唷！

自然風剪髮圍巾的做法

因為結構很簡單，就算手不那麼靈巧也無所謂，
稍微縫歪了也 OK。拿多餘的布輕鬆愉快地做做看吧！

準備的材料
＊布 120 公分 ×60 公分
　（舊窗簾或桌布等多餘的布都 OK）……1 塊
＊緞帶 300 公分 ……1 條
＊鈕扣（依個人喜好）……2 顆

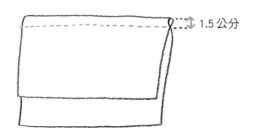

↕ 1.5 公分

1 像上圖一樣將布對折，不需要完全
對齊稍微拉開一點，從折痕線往下
1.5 公分處開始縫。

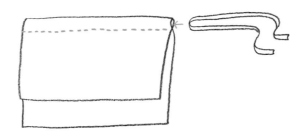

2 縫好之後將對折成一半的緞帶從穿
繩口穿過。

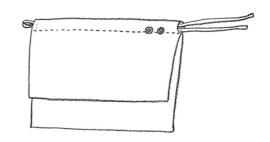

3 像上圖一樣，將紅線部分及鈕扣縫
好，再將下面的鍛帶拉緊。

服裝設計師 suzuki takayuki
1975 年出生於愛知縣。就讀東京造形大學時，
在朋友開的展示會上展露頭角後就開始從事與電影、舞蹈、音樂相關的服裝工作。
從 2002 ～ 03 秋冬開始，「suzuki takayuki」以自創品牌出擊。
2007 年參加東京時裝秀。
2009 年澀谷巴而可（PARCO）百貨公司 1 館直營店開幕。

與設計師 Suzuki takayuki 一起動手做
優雅風剪髮圍巾

舊 T 恤加點巧思,
就變成漂亮的剪髮圍巾囉～
不妨動手做做看吧!

優雅風剪髮圍巾的做法

舊T恤也可以變身成漂亮優雅的剪髮圍巾。
有顏色或有圖案的T恤也OK。因為使用鬆緊帶，穿脫都很簡單。

準備的材料
* 大人的T恤 1件
  褶邊或是蕾絲 100 公分
  （只要跟T恤差不多長就 OK）……1 條
* 裁縫用的鬆緊帶 30 公分
* 緞帶 300 公分……1 條

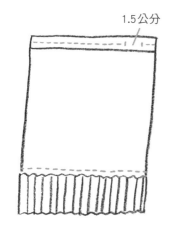

1.5公分

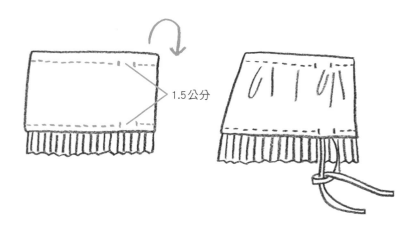

1.5公分

1 將大人的T恤從虛線處剪開。

2 將剪開的地方反折縫好（預留 1.5 公分穿繩子的開口）。

將下擺縫上摺邊或是蕾絲。

3 對折藏住褶邊的縫線。將圖上標紅線的部分縫好。

預留 1.5 公分穿鬆緊帶的開口

4 上面穿鬆緊帶，下面穿緞帶。鬆緊帶可以先量量小朋友的頸圍再做調整。

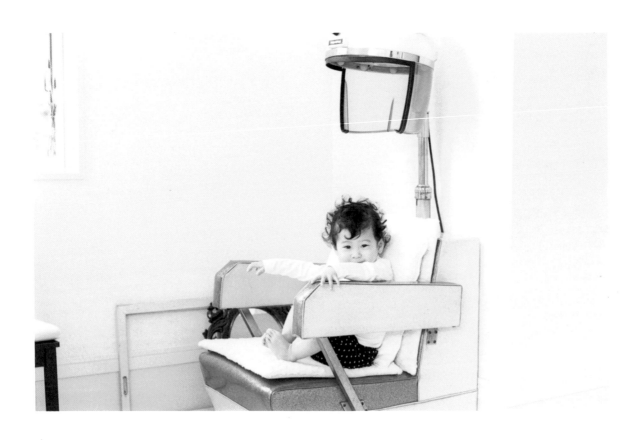

後 記

剪、剪、剪……

就算剪歪了或剪過頭了也沒有關係，因為幫孩子剪頭髮，本身就是非常非常棒的回憶。

邊畫畫邊聊天，就算吵架也沒關係。剪髮的時間是親子獨處的溫暖時刻，就算剪不好也沒關係唷！剪不好才能看到更多表情呢。自己說有點不好意思，可是在家幫孩子剪頭髮，讓我家小朋友變得好可愛！「你看，這是我自己在家剪的唷！」那種想秀一下自家寶貝給人家看的傻爸媽心情，我覺得真的很棒。

剪、剪、剪。珍惜每個剪髮時刻。

這次拍照的過程，在許多小朋友的歡笑聲中感受到滿滿的幸福。不過，當天也有許多因為哭出來而無法入鏡的孩子們。雖然沒能為他們拍照覺得非常可惜，但許多家長對我說：「很感謝這次這麼棒的經驗，和一起渡過的美好時光。」由衷感謝幫助過我的每個人。謝謝。

砂原由彌

和寶貝度過甜蜜時光

 朱雀文化 朱雀文化出版　媽咪寶寶最安心

4個月～2歲嬰幼兒營養副食品超值育兒版

全方位的寶寶飲食書和育兒心得

定價 299元　**作者** 嬰幼兒食譜暢銷作者王安琪

◆**營養均衡種類多**　全書102道副食品，泥、糊、湯、粥、點心種類齊全，應有盡有。

◆**標示月齡簡單易找**　每道食譜都有建議寶寶適合食用的月齡，新手爸媽不煩惱。

◆**自製高湯最營養**　高湯是副食品中的最重要的食材，只要學會製作高湯，副食品成功一半。

◆**實用且更全方位的育兒常識**　加入育兒手札、寶寶生活和飲食上的Q和A、優質食材介紹，照顧寶寶更輕鬆。

◆**加入索引，雙目錄更方便**　書末附上可用月齡搜尋料理的索引，搭配目錄更快找到適合的料理。

小學生都會做的菜

蛋糕、麵包、沙拉、甜點、派對點心

定價 280元　**作者** 萬能媽咪宋惠仙

◆**療癒系可愛漫畫**　情節簡單的小故事，搭配韓國人氣動畫的可愛人物，讓人看了就有好心情！

◆**漂亮又簡單的點心和料理**　從嘴饞時的小點心到經典料理統統有，任何人都可以做得出來！

◆**辦派對時不可缺的飾品DIY**　用家中現成的材料，教你做出漂亮可愛的宴會裝飾！

◆**37道不費勁料理+45個料理小常識及小技巧**　花一點心思，讓做菜變得有趣而簡單！

2歲起小朋友最愛的蛋糕、麵包和餅乾

營養食材＋親手製作＝愛心滿滿的媽咪食譜

定價 320元　**作者** 嬰幼兒食譜暢銷作者王安琪

◆**2歲起孩子都能吃，只要一本食譜就OK**　共104道食譜，選擇多樣，簡簡單單變化出各式點心。

◆**使用天然食材做點心，給孩子滿滿的營養**　每道食譜皆有標註適合食用的年齡與份量，資訊一目瞭然。

◆**媽咪和寶貝一起動手做**　媽咪親手把關製作流程，還有親子一起做單元　造型可愛的成品，更增加點心製作的樂趣。

◆**每道食譜附上貼心小叮嚀，大幅提升成功率**　加上透明書套包裝，更便於收藏。

0～6歲嬰幼兒營養副食品和主食

130道食譜和150個育兒手札、貼心叮嚀

定價 360元　**作者** 嬰幼兒食譜暢銷作者王安琪

◆**菜色豐富多樣**　全書共130道食譜，選擇多樣，輕鬆變換菜色。

◆**每篇食譜都附有適合食用的月齡**　媽咪做得放心，寶貝吃得安心。

◆**貼心的育兒實戰手札**　作者培育3個寶寶的150個第一手育兒心得和烹飪叮嚀，讓新手爸媽不再手忙腳亂。

◆**詳細索引+透明書套**　書末的索引，輕鬆替不同年齡的嬰幼兒找到最適合的料理。附書套更好收藏！

地址：台北市信義區基隆路二段 13-1 號　電話：（02）2345-3868　網址：http://redbook.com.tw

一年的育兒日記

出生~1歲寶寶記錄 My Baby's 365 Diary

定價 399元　**作者** 美好生活實踐小組

◆ **實用可愛的日記書**　專門用來記錄出生～1歲寶寶的日記本，以每一天為單位、超大欄位的表格設計，方便爸比、媽咪每天書寫。

◆ **新手媽咪必備育兒小寶典**　近200則mama & baby健康生活常識 + 48則育兒生活大補帖 + 35份寶寶副食品食譜，全方位教你照顧寶寶。

◆ **記下寶寶的每一個甜蜜記憶**　收錄了「寶寶小檔案」、「寶寶諺語」、「珍貴的手印和腳印」、「禮物記錄表」等小單元，既溫馨又可愛。

◆ **好用貼心記錄**　身高、體重的成長曲線記錄表、頭圍成長曲線記錄表、寶寶食品、用品採購店家等實用表格，方便爸比媽咪記錄必備資訊。

改變孩子人生的10分鐘對話法

喚醒孩子的無限可能

定價 280元　**作者** 廣播人兼自由作家朴美真著。兒童青少年臨床心理師莫少依審定

◆ **作者實際的親身體驗分享**　身為廣播人的作者，就和許多忙於工作的父母一樣，沒有很多的時間和孩子談心。更能同理讀者的問題和心情。

◆ **真實的例子更有說服力**　透過日常生活的對話、作者朋友的實例，讓讀者更容易感同身受。

◆ **對話的秘訣是「聽」**　藉由「聽」對方說話，才能夠了解彼此的心，進而才能夠有成功的對話。

◆ **溫婉語氣道出犀利事實**　孩子動不動就生氣，其實有可能是因為父母的情緒掌控不穩定。原來成為父母，真不是想像中那般容易。

第一次餵母乳

吃母乳的孩子最聰明 餵母乳的媽咪最健康

定價 320元　**作者** 資深護理主任黃資裡、生活消費高手陶禮君

◆ **詳細圖說，新手媽咪不緊張**　step by step圖文教導正確餵奶方式，新手媽咪初次餵奶就上手。

◆ **解決乳汁不足的大問題**　資深護理師教媽咪如何促進乳汁分泌＆克服不能餵母奶的苦衷。還有11道精選發奶食譜，媽咪補乳又補身，寶寶吃得好又飽。

◆ **常見問題解惑篇**　解決23個常見哺乳迷思與困難，讓媽媽信心百倍，成功授乳。

◆ **哺乳期的媽咪也可以很開心**　哺乳期的性生活須知及產後美胸方法，做個身心靈愉悅的媽咪。

懷孕‧生產‧育兒大百科超值食譜版

準媽媽必備，最安心的全紀錄

定價 680元

作者 韓國婦產科首席權威高在煥，與7位婦產科及小兒科菁英共同編著。國泰醫院婦產科主任陳樹基總審定

◆ **準媽咪必備甜蜜枕邊書**　1本抵3本的懷孕生產育兒必備大寶典。

◆ **特別收錄詳細懷胎＆生產攝影圖片**　超高顯微攝影、生產過程step by step紙上轉播。

◆ **媽咪跟寶寶的營養補給**　準媽媽懷孕時，以及寶寶離乳後的營養食譜。

◆ **特別製作食用情報**　上班族媽媽的懷孕生產育兒指南、新手媽媽必會的15道食譜。

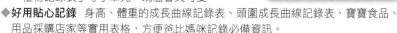

朱雀文化和你快樂品味生活　　　　　　台北市基隆路二段13-1號3樓

Mybaby006

第一次幫寶貝剪頭髮

作者　　　砂原由彌

翻譯　　　陳麗光

編輯　　　郭靜澄

美術完稿　鄭雅惠

行銷企畫　呂瑞芸

企畫統籌　李橘

總編輯　　莫少閒

出版者　　朱雀文化事業有限公司

地址　　　台北市基隆路二段13-1號3樓

電話　　　02-2345-3868

傳真　　　02-2345-3828

劃撥帳號　19234566 朱雀文化事業有限公司

e-mail　　redbook@ms26.hinet.net

網址　　　http://redbook.com.tw

總經銷　　成陽出版股份有限公司

ISBN　　　978-986-6029-29-5

初版一刷　2012.09.

定價　　　280元

出版登記北市業字第1403號

全書圖文未經同意不得轉載和翻印

本書如有缺頁、破損、裝訂錯誤，請寄回本公司更換

國家圖書館出版品預行編目

第一次幫寶貝剪頭髮 / 砂原由彌著；陳麗光
譯 .-- 初版 .-- 臺北市：朱雀文化, 2012.09
　面；　　公分 . -- (mybaby；006)
ISBN 978-986-6029-29-5 (平裝)

1.髮型　　　　　　　　　　　　　424.5

はじめてのおうちカット　Yoshimi　Sunahara
Copyright © 2010
Original Japanese edition published by anonima-studio,a division of Chuoh Publishing Co.
Complex Chinese translation rights arranged with anonima-studio
through LEE's Literary Agency, Taiwan
Complex Chinese translation rights © 2012 by Red Publishing Co. Ltd.

About買書

●朱雀文化圖書在北中南各書店及誠品、金石堂、何嘉仁等連鎖書店均有販售，如欲購買本公司圖書，建議你直接詢問書店店員。
如果書店已售完，請撥本公司經銷商北中南區服務專線洽詢。北區（03）358-9000、中區（04）2291-4115和南區（07）349-7445。

●●至朱雀文化網站購書（http://redbook.com.tw），可享85折。

●●●至郵局劃撥（戶名：朱雀文化事業有限公司，帳號：19234566），
掛號寄書不加郵資，4本以下無折扣，5～9本95折，10本以上9折優惠。

●●●●親自至朱雀文化買書可享9折優惠。